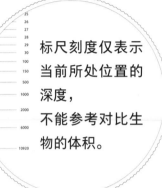

标尺刻度仅表示
当前所处位置的
深度，
不能参考对比生
物的体积。

蓝色大海的奥秘

[意] 贾纽博托·阿基尼里 著　　[意] 茱莉亚·萨法罗尼 绘

林赵璘 译

上海译文出版社

你的下潜之旅
由此开始

〜〜〜〜〜〜〜〜〜〜〜〜〜〜〜〜〜

〜〜〜〜〜〜〜〜〜〜〜〜〜〜〜〜〜

海洋水层

上层带

0~200米

北极熊
大西洋鳕
海天牛
大鲟（yú）
小丑鱼

中层带

200~1000米

帝企鹅
人类
大眼金枪鱼
矛尾鱼
皇带鱼

深层带

1000~4000米

独角鲸
大王鱿
抹香鲸
黑叉齿鱼（xǐ）
蝰（kuí）鱼

深渊水层带

4000~6000米

食骨蠕虫
烟灰蛸（shāo）
角高体金眼鲷（diāo）
微眼新鼬鳚（yòuwèi）
礁环冠水母

超深渊水层带

6000~10920米

深渊钩虾
鼠尾鳕
狮子鱼
栉水母
"的里雅斯特"号潜水器

一直游到大海深处

数十亿年前，在宇宙深处徜徉着许多彗星。

在漫长的旅途中，它们与年轻的地球不期而遇。

那时的地球还没有大气层，它将自己完全暴露在宇宙中，毫不设防。

于是，彗星们便纷纷毫不犹豫地向地球表面猛砸了过去。

与此同时，年轻的地球正经历着剧烈的演变。在几十万米的地底深处，炽热的岩浆汹涌沸腾，不停地寻找能够喷发的裂口。一旦找到了那个裂口，岩浆便会喷涌而出，裹着滚滚黑烟形成了红色的熔岩，来到地面。

这听上去像不像一幅末日景象？但地球上非凡独特的勃勃生机也就此拉开了序幕。实际上，彗星和随岩浆喷发出的黑烟中包含一种具有独特属性的物质：水。于是，在我们年轻的地球上出现了原始海洋，地球也由此被称为"蓝色星球"。

一切尚未结束，而这仅仅是故事的开始。

火山喷发出的气体逐渐笼罩了整个地球，形成了一层薄薄的大气。它就像一个无形的小盒子，守护着地球上的水，防止它消散在外太空。

日复一日，年复一年，慢慢地，数百年、数千年甚至数亿年过去了。在这段悠长的时间里，水凭借自身非凡的特性，与太阳的能量相互作用，形成了各种复杂的分子。终于，在大约 35 亿年前的某个上午（也可能是某个下午），所有的有机碎片都燃起了星星点点的生命之火。这便是原始细胞在海水中荡起的圈圈涟漪。

故事就此结束了吗？并没有。因为这些简单的小家伙心中，仿佛潜藏着一座座蠢蠢欲动的火山，渴望去那些落在地面的彗星上一探究竟。于是它们开始进化、演变，出现了各不相同的模样，其中一些甚至还摆脱了海水的束缚，离开了抚育自己的大海。

也可以说，多亏了独特的身体构造，某些生物才得以离开大海，前去征服新兴的大陆。就这样，地球上的生命走出了两条不同的道路：一部分留在了水里，另一部分则踏上了陆地。由于身处两个截然不同的环境，它们也从此走向了两条大相径庭的进化之路。

大约 30 万年前，在陆生动物中出现了一个特殊的物种，那便是我们人类。之所以说人类是特殊的物种，是因为我们不仅有着巨大的大脑，还能够直立行走，而与其他手指相对的大拇指也让我们可以灵活地抓握工具，原始的动物前腿更是进化成了手臂。

人类的特殊性还体现为某些方面的欠缺：我们的身体没有被毛覆盖，而且也没有任何器官能让我们长久地待在水下，更别提在水中自如生活了。

非洲是人类的起源地，长期生活在这块干旱的大陆上使人类逐渐在生理学上与海洋无缘。这大概就是为什么我们会对波光粼粼的海面恋恋不舍，总梦想着有一天也可以在宽广无垠的大海中遨游。好在我们还有一颗非凡的大脑，足以借助科技打破生理构造的限制，让梦想照进现实。如今，我们不但可以像鱼儿一般在湛蓝的海面上破浪前行，还能像海底深渊的神秘动物那样，承受着水中巨大的压强，在漆黑浩瀚的大海中层层下潜。

在大海表面，你能看到什么？在大海深处，你又能看到什么呢？在本书的图画和文字中，我们为你描绘了一个遍布着神奇动物的大海。现在，我们将带你一起畅游这个奇特瑰丽的水下世界。你准备好潜入神秘的海沟深处了吗？你想认识那些能承受上千大气压的海底生物吗？既然你已经准备好了，那就翻开下一页，开始享受这段奇幻的下潜之旅吧！

上层带

(深度 0~200米)

生命起源于大海，自那时起，便有无数的生命在大海中繁衍生息，直到今天也是如此。

大多数生物甚至从未离开孕育它们的这片大海。

就算是那些踏上了陆地的生物，它们也依旧离不开水。

这就是为什么水又被称为"生命的分子"。

你想知道，在蔚蓝的海水之下，还隐藏着怎样的秘密吗？

从海面到水下 200 米深处的区域，都属于海洋的上层带。就让我们从这里出发，开始这段探索之旅吧！其实只要一潜入水中，我们便会意识到，围绕着我们的并不只有水，还有一束束阳光透过蔚蓝的海水，照亮了这片水下世界。实际上，海水是半透明的，所以部分阳光得以穿过水面，照耀到水下。（要知道，在海水最清澈的地方，电磁波甚至能传到水下 150 米深的位置。）有阳光的地方就会有植物，有植物的地方就会有光合作用，有光合作用的地方就有生命。因此，上层带是海洋中生物种类和数量最丰富的水域。通过光合作用，海洋中的植物能够获取来自太阳的能量，并将它转化为一种糖：葡萄糖。

这种甜甜的分子在生物之间传递，形成了我们熟知的"食物网"。大海的这个水层，直接或间接地养活了其他所有海洋生物。为什么这么说呢？因为和其他生态系统一样，海洋也是一个生物相互依赖的庞大系统。换句话说，所有海洋生物都是彼此紧密相连的。光合作用生产的有机物，喂饱了身处海洋上层带的鱼儿们。不仅如此，在重力作用下，这些上层营养物质还将缓缓沉降到更深的海域，最终落进各种深海动物的大嘴里。

这些深海避光动物无法承受阳光的照耀，不过它们中的许多成员还是会趁着夜晚，游向上层获取食物。然而有时候，身为捕食者的它们也会成为其他生物的食物，在死亡之后让自己的身体以"反哺"的方式将营养元素无私地分配给所有海洋生物。

但是请注意，哪怕海洋最深层的水域，也是整个海洋生命循环运转的重要组成部分。就拿海洋中的植物来说，为了正常进行光合作用，它们需要无机盐，而这些物质正是从漆黑一片的海底深渊上浮到了海洋上层。

生命循环还远不止这些。光合作用除了生产有机物，还会制造氧气，而这正是动物生存必不可少的基本物质。这也是海洋上层带的物种如此丰富的另一个原因。但不能忘记，地球是一个连通的系统。我们知道，大约 70% 的地球面积都被海洋所覆盖，大气中大约 50% 的氧气都是由大量生活在海洋上层带的藻类制造，而氧气正是人类赖以生存的物质。所以，此时此刻被我们吸入肺里的，或许就是来自海洋的空气。

就这样，地球上的各种生物有的在水中穿梭、遨游、漂浮，有的在陆上奔跑、钻洞，还有的在空中翱翔，共同构成了一个错综复杂的生物网络。

保护我们的蔚蓝大海，也就是在保护我们的碧绿草地和湛蓝天空。

话不多说，现在就让我们屏住呼吸，潜入大海的第一层。这个从大海表面到水深 200 米的区域，就是我们之前提到的海洋上层带。

这里不仅有阳光，更生活着各种各样的生物。就让我们一起来认识其中几种吧。

鲑

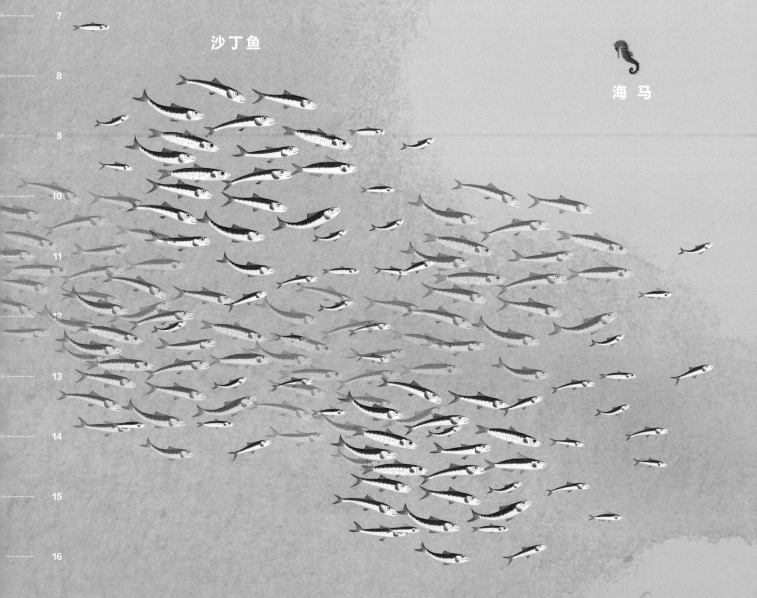

沙丁鱼

海 马

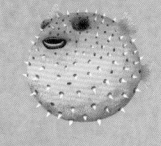

刺 鲀（tún）

北极熊

北极熊是世界上最大的陆地食肉动物。要知道，它们在水中游得并不快，甚至也不擅长潜水。那么，我们为什么会在这里遇到它们呢？从某种程度上来说，我们或许可以把这种哺乳动物当成名义上的水生动物来看待，因为它们常常会潜入北冰洋的海水中，一口气能游上3万米。也许你会感到好奇，它们为什么要潜到水里，还要游那么远的距离呢？其实，这都是为了猎取它们最喜欢的美食：海豹。

生活在北极圈的人们给北极熊起了个优雅的名字：冰王子。但如今，冰王子的生活却深陷重重危机之中：全球变暖导致北冰洋的海冰面积变得越来越小，越来越多的海冰融化，这不仅意味着北极熊失去了自己的家，也意味着海豹失去了休憩和繁殖的场所，于是海豹的种群数量也随之锐减。

尽管我们现在居住的地方与北极相隔甚远，但是如果我们都可以坚持从身边的小事做起，爱护环境，就能为改善北极熊的处境贡献自己的一份力量。只有这样，我们才能开启一个良性循环，使北冰洋的海冰逐渐增加，恢复如初，还海豹一片舒适的环境，也让冰王子能重新畅游在广阔的北冰洋中。

海 豹

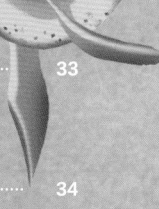

黄尾副刺尾鱼

珊瑚虫

叶海龙

海鳝

海蟹

海 牛

大西洋鳕

　　大西洋鳕是一种个体较大的鱼类，体长可超过 1 米，体重甚至能达到 30 千克。它们大多都生活在氧气充沛的冷水区，以甲壳动物、软体动物、浮游生物和包括鲱鱼、沙丁鱼在内的许多小型鱼类为食。总之，大西洋鳕凭借自身庞大的种群数量、极高的营养价值和易于保存的特性，从各种海洋鱼类中脱颖而出，深受人们的喜爱。北欧地区的人们会将大西洋鳕直接放在木架上风干，制成"木杆鳕鱼"，而这个名字传入意大利后，就变成了人们口中的"干鳕鱼"；西班牙人和葡萄牙人则会先在捕获的大西洋鳕身上抹上盐，再将它们风干，制成咸干鳕鱼来保存。

　　当初，踏上美国马萨诸塞州土地的第一批定居者就通过向英国人贩卖大西洋鳕而挣了一大笔钱。英国人将大西洋鳕与马铃薯搭配在一起作为食材，创造出了那道著名的菜肴"炸鱼薯条"。这里的"炸鱼"原料自然是大西洋鳕，而"薯条"是马铃薯加工之后的产物。马铃薯是一种廉价的蔬菜，巧的是，"薯条"的英文名 chip 正是源于"廉价"的英文 cheap。

海天牛

在全球的热带海域，还生活着一种没有壳的"蜗牛"，它们的名字叫海天牛。海天牛的外形看上去和其他海蛞蝓并没有什么两样，连平时吃的东西也差不多。确切地说，海天牛的一生只专注于一件事，那就是啃食海藻。乍看之下，它们只是一种平平无奇的腹足纲软体动物。但实际上，对整个动物世界来说，它们都是一种独树一帜的生物。幼年时期的海天牛有着淡棕色的身躯，随着时间推移，它吃过了越来越多的海藻，身体也逐渐"绿化"，由棕色慢慢变为了明亮的绿色。不仅如此，它的行为模式也发生了彻底的变化。之前，它还是一只贪恋海藻美味的"蜗牛"，现今却在水下的礁石上突然停住了"脚步"，趴在那儿一动不动。与其他动物相比，海天牛还有个独特的本领：对自己平时啃食的海藻，它能进行选择性消化，把海藻内一种叫作"叶绿体"的细胞器分离出来并吸收进自己的细胞，化为己用。要知道，叶绿体含有叶绿素，是植物进行光合作用的场所。于是，海天牛就成了唯一一种能利用叶绿素进行光合作用的动物！就这样，在海天牛的后半生，它就像一棵小树苗似的，尽情沐浴着阳光，光靠晒太阳就填饱了肚子。

主刺盖鱼

条纹狼鲈

海星

鲽

北海豹

白鲸

角鲨

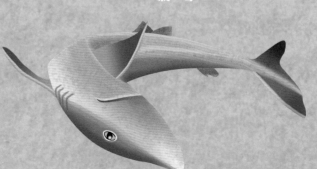

扁鲹（shēn）

大鲟

1869 年 11 月 17 日，贯通地中海和红海的苏伊士运河正式竣工通航。这条运河的开通，不仅大大缩短了东西方之间的海上航程，也为包括大鲟在内的许多鱼类向东洄游提供了极大便利。作为一种凶猛的捕食者，大鲟穿过了亚洲和非洲之间的这条缝隙，来到了一个全新的广阔海域中。

大鲟天生就有一副细长的身形，能以高达每小时 40 千米的速度在水中穿梭。不仅如此，它还有着强有力的颌，以及细小而尖利的牙齿。在由于全球变暖而不断升温的地中海，大鲟的这些特质足以让它能够随心所欲地捕食各种小型鱼类、甲壳动物和鱿鱼。但如今，由于地中海渔业资源的过度开发，这些生物种群已经变得岌岌可危，大鲟也越来越难以获得自己喜爱的美食了。

海 葵

小丑鱼

　　在热带海区，我们常常能见到一种看上去像花朵似的动物将自己固着在水下的岩石上，那便是海葵，而小丑鱼居然就把自己的家安在了海葵如丝般柔软却满含毒素的触手之中。

　　幸运的是，小丑鱼的身体表面会分泌出一种黏液，可以保护它们免受海葵毒素的伤害。不仅如此，由于成天游憩在海葵有毒的触手间，小丑鱼体表艳丽的色彩在其他动物眼中也成了毒素的代名词，这红白相间的条纹仿佛在警示着那些虎视眈眈的捕食者，小丑鱼憨态可掬的外表之下可潜藏着蜇人的暗器呢！

　　既然小丑鱼享受着海葵的保护，那么海葵是不是也得到了什么好处呢？那当然：有时候，当饥肠辘辘的捕食者试图以海葵的触手为食时，这些捕食者便会遭到小丑鱼的迎头痛击。令人惊奇的是，尽管小巧的体型和可爱的外观让它们看上去似乎不堪一击，但事实上，小丑鱼却有着极其好战的天性。于是，被小丑鱼痛击的捕食者只能选择落荒而逃，而小丑鱼和海葵间这种与毒素共舞的绚烂友情也变得愈发牢靠。

波纹短须石首鱼

双髻（jì）鲨

牙鲷

鲯 鳅（qíqiū）

蠵（xī）龟

海 狮

中层带

告别了聚集在海洋上层带形形色色的动植物，也离开了照进蔚蓝海水的缕缕阳光，

我们继续下潜，就进入了一个永远盼不到黎明的黑夜。

我们首先到达的就是海洋中层带。

在这伸手不见五指的黑暗中，我们仍然能遇到许多动物。不过，我们在这里就完全看不到任何植物了。可是没了植物，这里的动物们是怎么活下来的呢？它们都吃些什么？

别担心。温跃层提供的食物就足以喂饱这些嗷嗷待哺的动物们。

等等，什么是温跃层呢？这么说吧，你可以把温跃层看作是悬浮在海洋中层带的透明面纱，从某种程度上来说，它就像一块只有几厘米厚的巨型塑料板，将大海分隔成了上下两层。现在，我们可以下潜到更深的地方，来认识一下温跃层。至于我们该下潜多深，那得取决于我们所处的是哪片海域：假设我们身处地中海，那么温跃层就位于水下 150~400 米的位置。

让我们闭上眼睛，回想那个风和日丽的美妙季节。生机勃勃的温暖阳光毫不吝啬地倾泻而下，亲吻着海水表面。这时，一部分阳光将被反射回天空，而正如我们之前所见到的，另一部分阳光将劈开碧浪，照亮海洋表层，将这部分海水缓缓加温。但是到了夜里，失去阳光照耀的表层海水又开始冷却。它的温度越低，意味着密度和质量越大，因此这部分海水也就开始慢慢地向下沉。

冷却了一些的表层海水逐渐下沉，直到它迎面撞上了一面更加冰冷的"墙"，那便是温跃层。此时的表层海水和深层海水还有着相当大的温差，这就使两层水体完全无法混合。

那该怎么办呢？这是不是就意味着海洋深层的生物将再也无法享受到上层植物制造的营养物质呢？幸运的是，转眼冬天就来了。它仿佛一只大手，搅动了整个海洋，温跃层也随之支离破碎。在无情的冷风和严寒中，表层海水的温度渐渐降到和深层海水差不多低，此时两层水体的密度终于变得相差无几。曾经被温跃层分隔的海水重新混合在了一起，而在夏天累积起来的所有营养物质也得以继续向更深的海域沉降，成为那些深海动物的美食。

网纹猫鲨

丽 龟

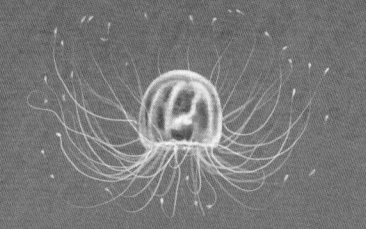

灯塔水母

帝企鹅

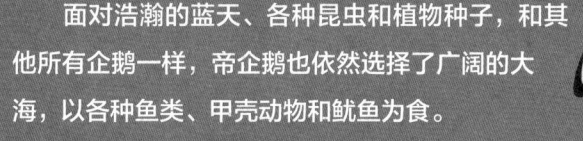

　　面对浩瀚的蓝天、各种昆虫和植物种子，和其他所有企鹅一样，帝企鹅也依然选择了广阔的大海，以各种鱼类、甲壳动物和鱿鱼为食。

　　所以，尽管企鹅在动物分类学上属于鸟纲，但它们早已习惯生活在海洋甚至冰天雪地的南极洲。它们的翅膀已经变成了鳍，身材和锥形的大鱼差不多，长有蹼的双脚就像是为了游泳量身打造似的。这些构造让它们成了名副其实的游泳高手，能以近乎每小时十几千米的速度在海中破浪前行。

　　但它们最让人惊叹的特长还是潜水能力：帝企鹅可以在水下潜泳近半小时却不换气。而且它们喜欢在海洋中捕猎，甚至能潜入水深近 600 米的地方觅食！它们到底是怎么做到的呢？至今还没有人能很好地解答这个问题。

鳗（mán）狼鱼

噬人鲨

人 类

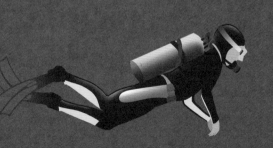

　　人类的身体结构决定了我们属于生活在陆地上的动物，而且更喜欢待在温暖的地方。不过，随着科技进步，人类现在已经可以比鸟类飞得更高、更快，还能下潜到大海深渊，去到大部分鱼类都到达不了的地方。实际上，也只是一部分人能完成这件事！埃及运动员艾哈迈德·贾布尔的确做到了。2014 年 9 月 28 日，贾布尔在埃及城市宰海卜周边的红海成功地下潜了 332.35 米。用他的话来说，下潜其实并不是什么难事，只用了 15 分钟，他便到达了这个深度。真正的挑战在于上浮回到海面的过程。倘若上浮的过程太快，原本溶解在血液中的气体将迅速变回气态，形成阻塞血管的气泡，这可相当危险。贾布尔显然很清楚其中利害，所以他花了足足 16 个小时才慢慢浮到海面。

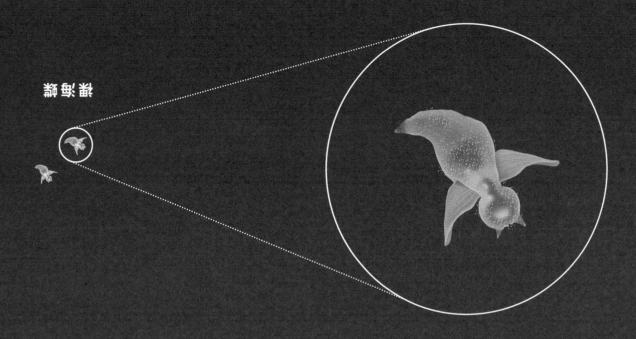

掠海蝶

青鲨

大眼金枪鱼

　　大眼金枪鱼看上去不像蓝鳍金枪鱼那样拥有一副标准纺锤形的身材，所以有些人也叫它们"肥壮金枪鱼"，但事实上，它们并不是过度肥胖，只是体形更加圆润，仅此而已。

　　有两样东西是大眼金枪鱼最喜欢的，那便是黑暗和美食，确切地说，它们的这两个爱好还有着密不可分的关系。每当黎明降临，大眼金枪鱼便会埋头向下往无边的"黑夜"游去，躲进常年充斥着黑暗的深海。巧的是，水下500米的深海也正是它们大展身手、捕捉猎物的地方。那里既有各种小型鱼类，也有像鱿鱼这样的头足纲动物，还有一些小型甲壳动物，都是大眼金枪鱼最喜欢的美食。

　　待日落时分，大眼金枪鱼又会从深海游向浅海。也许你会好奇，究竟是什么驱使它们这般不知疲倦地日夜洄游呢？原因当然还是它们旺盛的食欲。原来，它们最喜欢的那些猎物白天也都待在深海，到了晚上才来到海表觅食。可是此时，这些可怜的猎物们还没意识到，或许还不等填饱肚子，自己就已经沦为胖嘟嘟的大眼金枪鱼嘴里的美食了。

海豚

464
463
462
461
460
459
458
457
456
455
454
453
452

446
445
444
443
442
441
440
439
438
437
436
435
434
433
432
431
430
429
428
427
426
425
424
423
422
421
420
419
418
417
416
415
414
413
412

翻车鲀

剑 鱼

矛尾鱼

大约 3.6 亿年前，有一些硬骨鱼成功离开了海洋，踏上陆地开始了新生活，它们就是包括人类在内的所有陆生脊椎动物的祖先。然而，人类一度以为这些远古鱼类已经在探索陆地的冒险之旅中逐渐灭绝了。直到 1938 年 12 月 23 日，人类偶然捕获了一条矛尾鱼，彻底颠覆了我们的既有认知：曾被认为在 7000 万年前已经灭绝的、作为第一批陆生脊椎动物祖先后裔的腔棘鱼，原来还一直存活在地球上。

后来人们发现，最接近陆生脊椎动物的现代鱼类其实是淡水里的肺鱼，在它之后才是矛尾鱼。这样一来，矛尾鱼的演化地位似乎就没那么重要了。不过它失而复得的故事却成就了一段佳话。如今，地球上幸存下来的矛尾鱼或许再也不会梦想着踏上陆地去生活了。它们现在安然自得地享受着深海里的日子，那里有它们喜欢吃的鱿鱼、乌贼以及包括灯笼鱼在内的各种中小型鱼类。对了，矛尾鱼是一群食量巨大的家伙，得吃很多才能填饱肚子。不过考虑到它们长达 1.5 米的身子，如此大的食量也就不奇怪了。

北太平洋巨型章鱼

鮟鱇 (ānkāng)

785
786
787
788
789
790
791
792
793
794
795
796
797
798
799
800
801
802
803
804
805
806
807
808
809
810
811
812
813
814
815
816
817
818
819
820
821
822
823
824
825
826
827
828
829
830
831
832
833
834
835
836
837
838

塑 料

1863 年，美国化学家约翰·韦斯利·海厄特发明了一种"完美"材料，它的名字叫"赛璐珞"。这便是地球上出现的第一种塑料。

为什么说它"完美"呢？因为它不仅质量轻、具有延展性，既不容易导热也不导电，而且不受大气因素和生物制剂的影响，同时还能防水。最重要的是，它非常便宜。所以我们也不难理解，在短短一个多世纪的时间里，塑料就已经遍布了世界的各个角落。想想你所处的环境，看看你手中的物件，塑料制品可以说是无处不在。

可惜的是，事实并没有它看上去那么美好。就像我们经常说的，塑料是一种不可降解的材料。作为制作物品的原材料，它的这个性质可太棒了；可是在生态系统中，万物始终在不断转化，从这个角度来看，它的这个性质则会给生态系统带来灾难性的后果。这也是为什么塑料废弃物如今正一步步侵蚀我们的陆地家园，甚至连海洋也难以幸免。如果我们再不采取行动，这些塑料废弃物就将永远占领我们的陆地和海洋。

那么此时此刻，地球上到底积攒了多少塑料废弃物呢？只能说是堆积如山、数不胜数了。就这么说吧，如今在太平洋中央，甚至已经出现了第七块"大陆"——一座完全由塑料废弃物构成的巨型"岛屿"。

更严重的是，尽管塑料不能被生物降解，但它会分解为成千上万的碎片。这些细微的碎片被海洋动物在不经意间吞进肚子，由此进入了连结地球所有生物的食物网，当然也包括陆生动物的体内。换句话说，那些被我们扔出家门的塑料废弃物，现在又以食物的形式大摇大摆地回到了我们面前。

可以说，是我们亲手为地球套上了"命运的绞索"。那么，这注定是一条不归路吗？不，只要我们齐心协力，一切就还能挽回。

要知道，塑料的确不可生物降解，但同时这也意味着，塑料是一种完全可以被重复使用的材料。所以，每当我们把一件塑料废弃物丢进可回收垃圾箱中，实际上就相当于我们把这件塑料废弃物从大海里打捞出来。

要帮助生态系统重获生机，我们还有许多事情能做。我在这里先举个例子：每次当你感觉口渴的时候，就在家自己烧水喝吧，或者拿一个可以重复使用的瓶子装水喝。这便意味着你无形中减少了几千个塑料瓶的流通和使用。如果这些塑料瓶没有进入你的家门，那么它们就不会被扔进河里，也就不会流进大海，而所有居住在海洋里的生物都会由衷地对你表示感谢。

皇带鱼

在远洋的水手间，曾经长期流传着一个关于"大海蛇"的恐怖传说。但是在 2008 年 6 月，人们终于在大海中看见了它的真面目—— 一条巨大的皇带鱼。于是，曾经的恐怖传说也随之烟消云散了。

皇带鱼的身子相当长，甚至可能可以超过 10 米，细长的身形让它看上去的确就像一条海中的大蛇。但是说到底，它并不是爬行动物，而是一种硬骨鱼。事实上，它是海洋中最大的硬骨鱼之一。请放心吧，曾经的恐怖传说都是些无稽之谈。要知道，皇带鱼大多生活在水深约 1000 米的海底，它平时并没有浮到海面上的打算。而且，皇带鱼也是一种无害的海洋动物，它甚至都没有牙齿。可这样的话，它是怎么觅食的呢？别担心，皇带鱼会张嘴过滤冰冷的深层海水，将其中的小型甲壳动物留下，作为自己的美食。

幽灵蛸

贝氏喙（huì）鲸

黑口鲨

947
948
949
950
951
952
953
954
955
956
957
958
959
960
961
962
963
964
965
966
967
968
969
970
971
972
973
974
975
976
977
978
979
980
981
982
983
984
985
986
987
988
989
990
991
992
993
994
995
996
997
998
999

深层带

（深度1000~4000米）

~~~~~~

让我们继续下潜之旅，来到一个我们平时难以想象的深度。

这里远离海岸，也远离了游泳者的日常视线范围。这便是海洋深层带。

深层带是我们离开海洋中上层后来到的第一层深海区，它的英文名称是"bathypelagic zone"，其中"bathypelagic"一词来自希腊语，意思就是"深海"。这段水体从海洋中层带以下开始，一直延伸到水下4000米深的地方，可以说是名副其实的"深海"。换句话说，深层带就是由一块3000米厚的水体构成。那么，在这数十亿立方米的广阔水体中，我们能发现些什么呢？可惜的是，这里的海水盐度很低，水温也仅有4℃，不仅完全看不见阳光，连食物也很匮乏。放眼望去，仿佛只剩下一片死寂。

至于生活在这儿的生物呢？总的来说，深层带的居民十分稀少。想想也难怪，这里不仅看上去空空如也，而水中的压强也达到了100~400标准大气压，更何况，还有足以荡涤一切的迅猛海流。

听上去，难道对生活在这儿的居民来说只剩下坏消息了吗？当然不是。举例来说，迅疾的海流和低温环境相结合，能促进氧气在海水中的溶解。因此，作为对生物存续至关重要的气体，氧气在深层带海水中的含量相当丰富。所以说，深层带的动物至少可以自由自在地"大口"呼吸。当然，它们大多是通过鳃来完成整个呼吸过程。

不过，它们究竟长什么样呢？

总的来说，它们的长相看上去就和自己的所处环境一样奇特，要不就是体型巨大，要不就是在小小的身躯上却长着一副巨大的嘴。那些体型巨大的生物看上去就像是得了"深海巨人症"！但其实，也正是庞大的身躯让它们得以有效地保持体内热量，在这个如无尽寒夜一般的茫茫深海定居下来。不仅如此，巨大的体型也让它们无须像小型生物那样总是在运动，它们也因此能够随心所欲地长时间漫游在深海，却不用消耗更多的能量。

那么，生活在这里的小型生物又是什么样的呢？

看，它们几乎都有着薄薄的表皮和坚韧的细胞膜，最重要的是，它们几乎都长着一副硕大的嘴。其实这也不难理解。在食物稀缺的海洋深层带，要是好不容易发现了一个猎物，不管这个猎物体型是大还是小，它们肯定都要想尽办法张开大嘴，痛痛快快地把它吃个精光。

对了，那为什么它们的体型会这么小呢？其实，这和"深海巨人症"的原因一样，也是为了尽可能消耗更少的能量，只不过它们选择了和身边的庞然大物不同的一条途径。确切来说，它们的体型更小，所需的食物也就比大型生物更少，但相应地，它们也没有办法像大型生物那样保持如此多的体内热量。这样看来，深海生物所选择的两种不同的解决方案各有利弊。所以，不论是在深海还是在陆地，生存都是以一定程度的妥协作为基础的。

对于眼睛的大小，海洋深层带的动物们也作出了截然不同的选择。它们有的长着硕大无比的双眼，而另一些动物的眼睛却小得都快看不见了。怎么会出现这么大的区别呢？通常，那些大眼睛是和某些深层带动物的发光器有关。尽管阳光永远也无法到达海洋深层带，但在这儿还存有一种亮光，足以划破深海无尽的黑暗。这种亮光几乎都来自也生活在此处的共生细菌们。显然，这样的光线与明晃晃的阳光相比还是太暗了。于是，为了看得更清楚些，有的动物便进化出了硕大的双眼。

然而在选择表皮颜色方面，深海居民们却显得出奇一致。没有繁杂花哨的色泽，也没有五彩斑斓的样式，只有朴实无华的暗灰色才是深层带的"时尚元素"。当然，动物们并不是因为时尚潮流才给自己选择了这么一身颜色，它们只是为了让自己能够更好地与周遭环境融为一体。对捕食者来说，这样更有机会实施一次成功的伏击；而作为猎物，这样也更有希望从捕食者眼皮底下"虎口脱险"。

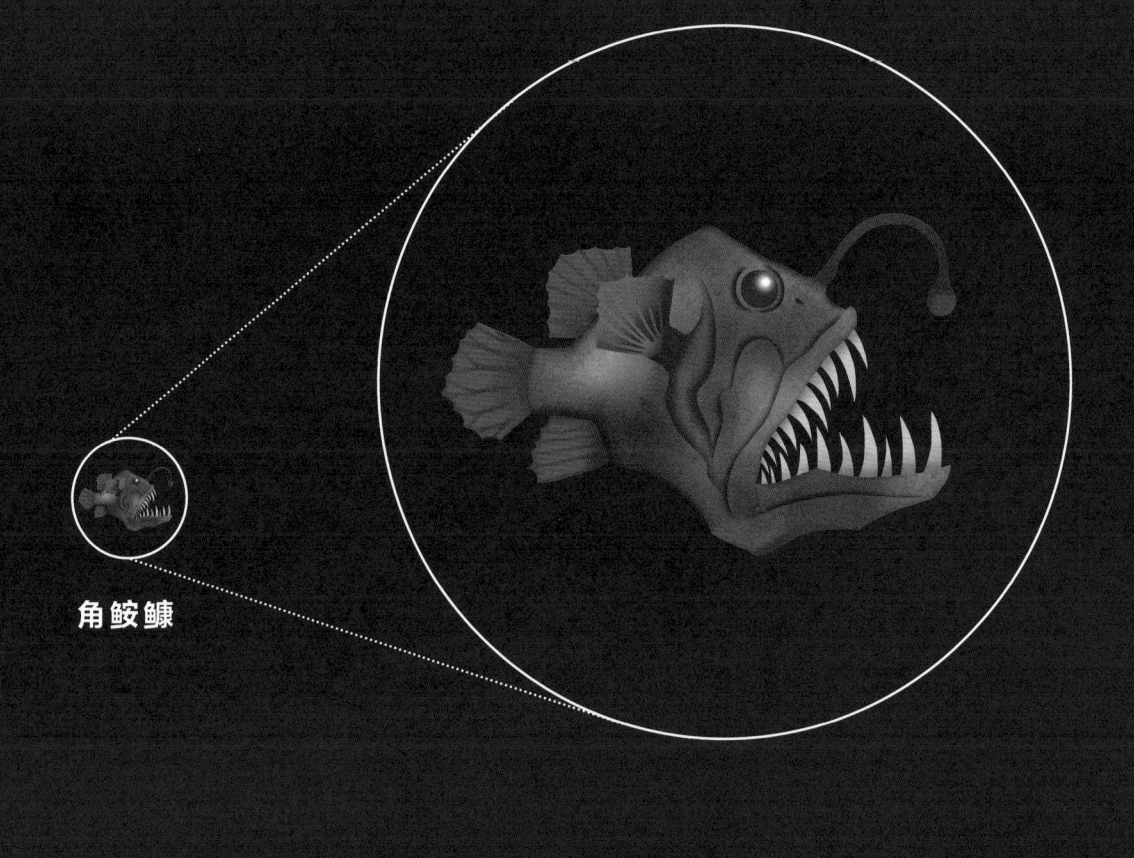

角鮟鱇

独角鲸

独角鲸是一种只生活在北冰洋海域的鲸类。雄性独角鲸拥有一颗 3 米的长牙，而这颗长牙看上去就像一根长长的螺丝钉，有着从右往左蜿蜒向前的螺纹。和其他哺乳动物一样，独角鲸也需要呼吸氧气，这也是为什么人们能经常看到它们游到海面上换气。尽管如此，独角鲸每天还是要下潜大概 15 次，去到水下差不多 1500 米深的地方捕食猎物。能到达那个深度的捕食者寥寥无几，而猎物却比比皆是。对独角鲸来说，那简直就是个完美的狩猎场，可以尽情地大快朵颐。但还有个问题，为什么雄性独角鲸会长着那样一根像螺丝钉似的长牙呢？一些科学家认为，这根长牙是雄性独角鲸用来击昏猎物的武器；另一些科学家则认为，雄性独角鲸的这根长牙只有一个作用，那便是在求偶时赢取雌性独角鲸的芳心。

············ 1290

············ 1300

············ 1310

············ 1320

············ 1330

············ 1340

············ 1350

············ 1360

············ 1370

············ 1380

············ 1390

············ 1400

············ 1410

············ 1420

············ 1430

············ 1440

············ 1450

············ 1460

············ 1470

············ 1480

············ 1490

············ 510

············ 20

············ 1

············ 1540

············ 1550

大王鱿

1925 年，人们在一只抹香鲸的胃中发现了某种大型动物的角质颚。这难道是某种"海怪"遗留下的吗？当然不是，这其实是来自一种长达 15 米、重达 700 千克的头足纲动物：大王鱿。这种软体动物一度被人们授予了"世界上最大的无脊椎动物"称号。而且，它还拥有一双巨大的眼睛，尺寸和两个足球加在一起差不多。放眼整个动物世界，这样的眼睛大小都是数一数二的。此外，大王鱿还拥有另一项特别的记录。它的体内含有大量氯化铵，要知道，这是一种会散发难闻味道的物质。所以，假如要评选最不适合烹饪的食材，那么或许大王鱿就是毫无悬念的"世界冠军"了。

1820
1810
1800
1790
1780
1770
1760
1750
1740
1730
1720
1710
1700
1690
1680
1670
1660
1650
1640
1630
1620
1610
1600
1590
1580
1570
1560

1830
1840
1850
1860
1870
1880
1890
1900
1910
1920
1930
1940
1950
1960
1970
1980
1990
2000
2010
2020
2030
2040
2050
2060
2070
2080
2090

红胸棘鲷

欧氏尖吻鲨

银 鲛（jiāo）

管水母

蝠鲼（fèn）

2370
2380
2390
2400
2410
2420
2430
2440
2450
2460
2470
2480
2490
2500
2510
2520
2530
2540
2550
2560
2570
2580
2590
2600
2610

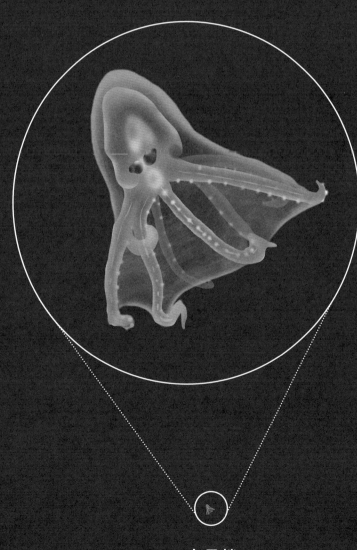

水 母 蛸

2680
2690
2700
2710
2720
2730
2740
2750
2760
2770
2780
2790
2800
2810
2820
2830
2840
2850
2860
2870
2880
2890
2900

抹香鲸

抹香鲸的体型巨大，而单单它的头部就差不多占了整个身体的 1/3，但在庞大身躯的映衬下，连它的大脑都显得有些"小巧"了。在抹香鲸的头里，含有丰富的鲸蜡，这种蜡状物质也曾被称为"鲸脑油"。正是因为有了这种特殊的油，抹香鲸才既能潜入深不可测的海底，又能自如地浮上海面。

在 18~19 世纪期间，人们曾经将鲸蜡作为路灯的燃油，照亮了一座座城市。作为燃油，鲸蜡既不会产生恼人的黑烟，也没有难闻的气味，几乎就是完美无缺的油料。但在当时，人们为了获取鲸蜡，必须去远离海岸的大洋中心，历尽艰险捕捉重达 50 吨的抹香鲸，才能从它的头部提取鲸蜡。等到他们终于满载而归的时候，往往已经过去好几年了。这大概就是鲸蜡当时作为燃油的唯一"缺陷"吧。

黑叉齿鱚

　　从某种程度上来说，黑叉齿鱼是一种体形很小的鱼，就算是种群中的"大个子"也不过只有 25 厘米长。但奇特的是，它小小的身躯却有着令人惊叹的食欲。多亏了那富有弹性、可以扩张的胃和腹部，它甚至能够吞下长度是自己两倍、质量是自己十倍的猎物。不过这样大的胃口也会带来一个问题：有时候它对自己的食量过于自信，以至于吞下的猎物实在是太大了。哪怕是它这样的"大胃王"也难以消化如此饕餮大餐，于是庞大的猎物就在它的肚子里慢慢腐烂，而这也注定了这位深海"大胃王"的最终命运。用不着多久，它就将迎来自己的死亡。猎物腐败后产生的气体最终将它送上了海面，也彻底宣告了它的生命就此终结，这对它来说无疑是个噩耗。可凡事都有积极的一方面不是吗？人们也正是因为它如此不幸的结局，才得以有机会认识了这种藏匿于深海的神奇生物。

2970
2980
2990
3000
3010
3020
3030
3040
3050
3060
3070
3080
3090
3100
3110
3120
3130
3140
3150
3160
3170

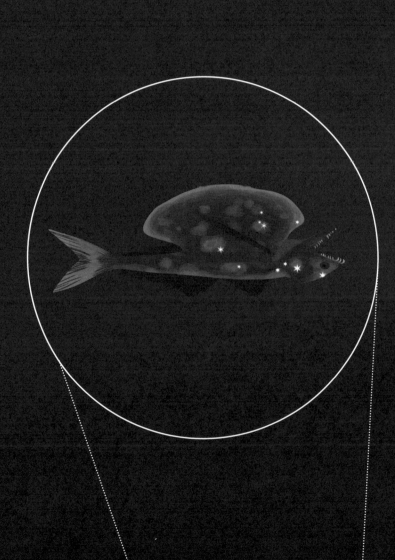

3440
3430
3420
3410
3400
3390
3380
3370
3360
3350
3340
3330
3320
3310
3300
3290
3280
3270
3260
3250
3240
3230
3220
3210
3200
3190
3180

3450
3460
3470
3480
3490
3500
3510
3520
3530
3540
3550
3560
3570
3580
3590
3600
3610
3620
3630
3640
3650
3660
3670
3680
3690
3700
3710
3720

蝰 鱼

蝰鱼的体长可以达到 25 厘米，也是一种栖息于海洋深层带的鱼类。但是到了晚上，它有时也会洄游到海洋中上层。蝰鱼的背鳍中有一根又细又长的鳍条，在这根如丝状的鳍条末端还寄居着大量发光细菌。蝰鱼将这根"发光的鱼竿"作为诱饵，将猎物吸引过来，再用自己巨大的尖牙咬住它们，一口吞下。这样看来，蝰鱼可以算得上是一位熟练的"钓鱼高手"了。不仅如此，蝰鱼引人注目的还有那副尖牙。和蝰鱼的体型相比，这副尖牙显得出奇地大，以至于它都闭不上自己的上下颌，只能成天张着个大嘴。可想而知，蝰鱼的名字也来源于此，因为它的尖牙看上去就和另一种陆生爬行动物蝰蛇的毒牙一模一样。但和蝰蛇不同的是，蝰鱼既没有那么长的身体，也没有任何毒液。

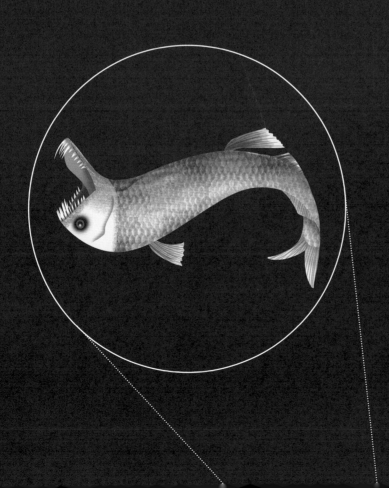

3330
3740
3750
3760
3770
3780
3790
3800
3810
3820
3830
3840
3850
3860
3870
3880
3890
3900
3910
3920
3930
3940
3950
3960
3970
3980
3990

深渊水层带
（深度4000~6000米）

～～～～～～～～～～～～～～～～～～～～～～～～

"深渊"的英文"abyss"是一个源于希腊语的单词，字面意思是"无底的"。

用"深渊"来描述海洋的这个部分真是再合适不过了。

让我们离开之前的深层带继续下潜，来到水下4000~6000米的深处，

此时呈现在眼前的便是宛如"无底洞"一般的深渊水层带。

万籁俱寂，暗无天日，仿佛我们面对的是一堵漆黑的"沉默之墙"。

深渊水层带实在太深了，可以说是几乎难以到达。打个比方：去过太空的人类甚至都要比到过这个"半未知"世界的还多。仔细想想，其实这也并不奇怪。深渊水层带的环境形成了一道天然屏障，对人类来说简直难以忍受承受：骇人的深海压强、不到3℃的低温、吞噬一切的黑暗、稀缺的食物，以及那迅猛湍急的海流。

尽管如此，在这个暗黑国度依然顽强闪耀着各式各样的生命之火。可以说，研究人员几乎每一次操纵科学仪器去到海底深渊，都至少能发现一种全新的生物。

那么，这些生物是如何在这样恶劣的环境中存活下来的呢？在深渊水层带，我们会发现这里的生物也具有一些熟悉的特征，不论是饥不择食的大嘴，还是薄薄的表皮，或是和幽暗深海浑然一体的"肤色"，以及为了减少食物摄入而维持的小巧体型，这些特征都和生活在海洋深层带的邻居们如出一辙。

不仅如此，严酷的生存环境也让生活在这里的生物舍不得浪费哪怕一点点多余的能量，如果条件允许的话，它们甚至都可以长时间保持一动不动的状态。

幸运的是，在深渊水层带看似一片死寂的无尽黑夜中，还悄然潜藏着点点生机。有时候，地壳运动会在海底制造出巨大的裂缝，来自地球内部的热量便趁机从这些裂缝中溜了出来。这也是为什么在海底裂缝附近总有温暖的海水和大量的细菌存在。这些微生物的本领可不小，它们能将各种物质——例如海底火山喷发出的硫——合成食物，一条深渊食物链也就此展开。

也就是说，深渊水层带的食物不仅仅来自海洋中上层，也来自地球内部的能量。

那么现在，就让我们打开手电筒，让耀眼的灯光照亮这片黑暗，来和生活在这儿的神奇动物打个招呼吧！

.... 4000

.... 4010

.... 4020

.... 4030

.... 4040

.... 4050

.... 4060

.... 4070

.... 4080

.... 4090

.... 4100

.... 4110

.... 4120

.... 4130

.... 4140

.... 4150

.... 4160

.... 4170

.... 4180

.... 4190

.... 4200

.... 4210

.... 4220

.... 4230

.... 4240

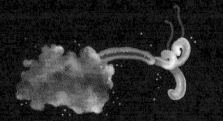

食骨蠕虫

在海底深渊，生活着一种独特的生物，它的名字叫食骨蠕虫。尽管有人也称它为"僵尸蠕虫"，但其实这些成群的蠕虫和我们想象中的"活死人"完全不一样。说起来，它们更像是一群漂浮在洋流中的细小叶片，和某些小型植物倒有些相似。

光听到"食骨蠕虫"这个名字，你或许就有种毛骨悚然的感觉。的确，它们最喜欢的食物就是骨头，"食骨蠕虫"这个名字也由此而来。确切地说，食骨蠕虫只以动物骨骼为食，尤其是鲸的骨骼。尽管它们既没有牙齿也没有胃，甚至连嘴都没有，但这些蠕虫仍然能将坚硬的骨骼消化得一干二净。这是为什么呢？原来，在它们身上还生活着一种共生细菌，这种细菌所分泌的物质能慢慢地侵蚀骨骼，直至将骨骼彻底降解，而这些奇妙的食骨蠕虫也在共生细菌的无私帮助下，得以享用骨骼中的营养物质。

4250

4260

4270

4280

4290

4300

4310

4320

4330

4340

4350

4360

4370

4380

4390

4400

4410

4420

4430

4440

4450

4460

4470

4480

4490

4500
4510
4520
4530
4540
4550
4560
4570
4580
4590
4600
4610
4620
4630
4640
4650
4660
4670
4680
4690
4700
4710
4720
4730
4740

烟灰蛸

　　烟灰蛸是一种小型软体动物，它看上去实在是太可爱了：大约 20 厘米长的身子，通体都是近似透明的白色，特别是那一副肉鳍，乍看之下就像长着一对耳朵。多亏了这对"大耳朵"，烟灰蛸才能够在海水中自由地"飞翔"。它努力扇动"大耳朵"的样子，也总让人不由想起迪士尼的经典动画形象"小飞象"。于是烟灰蛸又被人们亲切地称为"小飞象章鱼"。烟灰蛸一点儿也不挑食，不论是沿途偶遇的小鱼，还是从海洋上层沉降下来的营养物质，它都来者不拒，有什么就吃什么。除了那对"大耳朵"，它还有两只豆大的眼睛。据说，当其他捕食者借助发光细菌，在划破黑暗的光亮中突然看到烟灰蛸的"大耳朵"和圆溜溜的双眼时，总会被吓得魂飞魄散，转身就逃。听上去是不是有些难以置信？但至少有些海洋生物学家真的就是这么认为的。

4750
4760
4770
4780
4790
4800
4810
4820
4830
4840
4850
4860
4870
4880
4890
4900
4910
4920
4930
4940
4950
4960
4970
4980

角高体金眼鲷

这是一种外表异常可怕的鱼：大约 15 厘米长的小小身体，却长着一嘴巨大的尖牙。它也因此有了"尖牙鱼"的外号。乍一看我们便会发现，它下颌的大尖牙实在是太长了，似乎一旦它合上嘴，脑袋就要被这长长的尖牙给刺穿了。或许正因为这样，它的头上才留出了两个空"牙槽"。于是当它合上大嘴时，这两个特殊的"牙槽"便可以像口袋一样，把下颌的尖牙安全地装进去。所以我们也不必担心它的尖牙会伤到自己的脑袋啦。那么，这些尖牙对它有什么用呢？老实说，它幼年时根本用不着这副尖牙，因为那时候它也就囫囵吞枣似的以一些小虾为食。待它成年以后，这副尖牙就正式成了深渊水层带的"绝命武器"，在漫漫长夜中刺穿了猎物们的美梦。

············ 5250

··········· 5260

·········· 5270

········· 5280

·········· 5290

··········· 5300

··········· 5310

··········· 5320

·········· 5330

··········· 5340

··········· 5350

··········· 5360

··········· 5370

··········· 5380

··········· 5390

··········· 5400

··········· 5410

··········· 5420

··········· 5430

··········· 5440

··········· 5450

··········· 5460

··········· 5470

··········· 5480

··········· 5490

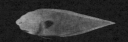

微 眼 新 鼬 䲁

    1872 年，乘坐英国皇家海军舰艇"挑战者"号出海的英国科学家从印度洋深处打捞出了一种前所未有的鱼，古怪的是，它竟然"没有脸"。于是人们便随口称之为"无脸鱼"，直到后来，它才被正式命名为微眼新鼬䲁。正如它的名字，微眼新鼬䲁看上去似乎连眼睛都没有。

    的确，常年生活在深海无尽的黑夜中，眼睛对它来说也派不上什么用场。但另一方面，它却有着极其敏锐的嗅觉。原来，在它的嘴巴上方长着两个极其灵敏的大鼻孔。这俩鼻孔就像它的"雷达"，每时每刻都在扫描周围水域，既能搜寻从上层海域沉降的残渣作为自己的美食，还能及时发现正在靠近的捕食者，随时做好逃跑的准备。

小矮王：
至今自挤的人任到海底洋洋淹溺的人还多。

5750
5760
5770
5780
5790
5800
5810
5820
6000
5840
5850
5860
5870
5880
5890
5900
5910
5920
5930
5940
5950
5960
5970
5980
5990
6000

礁环冠水母

水母是一种非常古老的生物。它们随着洋流四处漂泊，我们也得以在海洋的各个深度都能看到它们的身影。但实际上，当遇到危险时，它们还是会独立自主地移动位置的，不过移动的速度也相当慢。通常，大部分水母都生活在海洋上层，但礁环冠水母是个例外，它更喜欢待在深渊水层带。礁环冠水母还有个独特的技能：它能利用自己的生物发光器官照亮四周的黑暗。其实，它的初衷是用光亮引诱自己的猎物。但不幸的是，这些光亮同时也"热心地"把捕食者给吸引了过来。按照一些科学家的说法，每当这时候，礁环冠水母就会进一步提高自己的发光亮度，把更大的鱼吸引过来，借它们之"手"消灭自己的捕食者。于是，危机便解除了。

超深渊水层带

（深度6000~大约10920米）

在希腊神话中，泰坦之王克洛诺斯有三个儿子：宙斯、波塞冬和哈迪斯。

他们的父亲过世后，三兄弟便将世界一分为三：

宙斯掌管了天空和大地，波塞冬掌管了海洋，而哈迪斯则掌管了隐秘的冥界。

在希腊神话中，冥王哈迪斯就是"隐秘"的象征。所以也难怪，作为地球上最深、最暗、最冷的地方，超深渊水层带的英文——"hadopelagic zone"正是源自哈迪斯的名字——"Hades"。

从名字上就不难看出，这几乎就是个"触不可及"的地带。目前所知海洋最深的地方便是深陷于水下近11000米的马里亚纳海沟最深处。至今，全世界只有三个人曾到过马里亚纳海沟的最深处，其中就包括好莱坞著名导演詹姆斯·卡梅隆。要知道，哪怕是去过月球的人都已经有十二个了。

不过，月球离我们有些太远了，现在还是让我们脚踏"实地"，专注于眼前这片海吧。超深渊水层带的神秘莫测体现在方方面面，说起来，这里的条件和深层带还有些相似，只不过要恶劣得多：更加刺骨的寒冷、更加巨大的压强以及更加稀缺的食物。然而，即使在这样的水下"炼狱"，生命的火花也依然顽强地闪耀着，绵延不绝。

一些科学家甚至认为，既然生物可以在看似"生命禁区"的超深渊水层带成功地生存下来，那么太阳系中的其他行星也完全有可能存在生命。用他们的话来说，生命具有极强的可塑性，因此面对像火星和金星上那样的极端环境，生命也完全能够适应。至于这种说法是不是正确的，或许再过几年我们就能知道了。

话不多说，让我们一起潜入超深渊水层带吧！在这里我们将遇见各种看起来像外星人似的生物。不过，想要潜入这片深海可不是什么简单的事情。这不仅仅是因为它实在太深了，更重要的是，超深渊水层带其实相当罕见！实际上，海洋的平均深度约为3800米，而全球也只有大概16个海沟的水深超过了7000米。

正如我们之前所说到的，目前海洋最深的地方就是位于日本、菲律宾和新几内亚岛之间的太平洋马里亚纳海沟最深处。这个海沟有多深呢？让我来给你描绘这样一个画面吧：假设把世界最高峰——8848米的珠穆朗玛峰搬进马里亚纳海沟，而我们站在珠穆朗玛峰的山顶，那么我们也还得继续向上游2000米才能到达海面！

尽管如此，我们也说了，这个阴森的深渊不仅是冥王哈迪斯的领地，也还是各种奇妙生物的家园。你准备好了吗？

6100

6200

深 渊 钩 虾

　　理论上来说，面对底层海水的酸性条件和难以置信的巨大压强，构建甲壳动物的外骨骼就是一项"不可能完成的任务"。然而就在几年前，科学家们在马里亚纳海沟竟然发现了一种特殊的"虾"！这种甲壳动物居然成功地克服了超深渊水层带严酷的自然环境，真是太不可思议了！和其他甲壳动物不同，它的壳并不主要由甲壳质、碳酸钙构成，而是用来自海水中的金属铝。因此它看上去也是一身银色。此时的"铝壳虾"，就像是个 2.5 厘米长的金属罐头，正全神贯注地耐心等待着，而那些从海洋上层落到海底深渊的生物残骸，正是它们期待的美味大餐。

6300

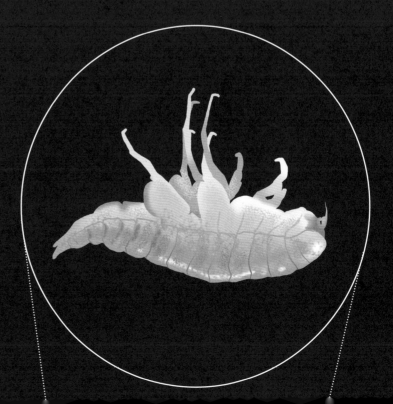

6800

6900

7000

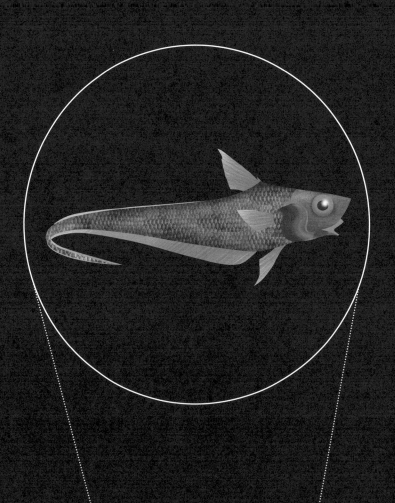

鼠尾鳕

尽管栖息在大洋深渊底部这样的极端环境下，但是对鼠尾鳕来说，这也似乎只是个平淡无奇的普通日子。它每天忙着用自己硕大的吻部翻动着海床的黏泥，在其中寻找美食。虽然在觅食的时候就像只拱土的猪，但又长又细、没有尾鳍的尾巴，却让它看上去更像只老鼠。除此之外，鼠尾鳕有什么格外引人注目的地方吗？老实讲，我们也说不出它有什么奇特的。由于它的栖息环境实在太难以接近了，我们对它可以说是一无所知。我们既不知道它是如何承受那巨大的压强，也不知道它是如何熬过常年的严寒，更不知道它是如何在这般无尽的黑夜中幸存下来的。

7500

7600

7700

7800

狮子鱼

　　2017 年 5 月 14 日，一台高科技摄像机在研究人员的操控下，在位于秘鲁海岸之外的阿塔卡马海沟下潜到了 8076 米深的海域。后来在这台设备拍摄的影像里，研究人员惊讶地发现，在如此幽深的海底竟然还生活着一种奇特的狮子鱼。它通体透明，与深渊下的无尽黑暗浑然一体；而它那几乎由凝胶状物质组成的身体看似弱不禁风，实际上却在深海大得吓人的极端压强中被挤压得结结实实。于是，人们还给它起了个美丽的名字：仙女鱼。关于这种优雅的生物，科学家们还能告诉我们些什么呢？至少还有两件事情是确定的：第一，它格外喜欢吃研究人员特意附在摄像机上专门用来做诱饵的鱼；第二，尽管身处环境如此严酷的海底深渊，但它那清亮透明的脸上却始终挂着一抹空灵优美的微笑。

小贴士：

世界上最长的山脉——大西洋中脊——

在海底延伸一万多千米。

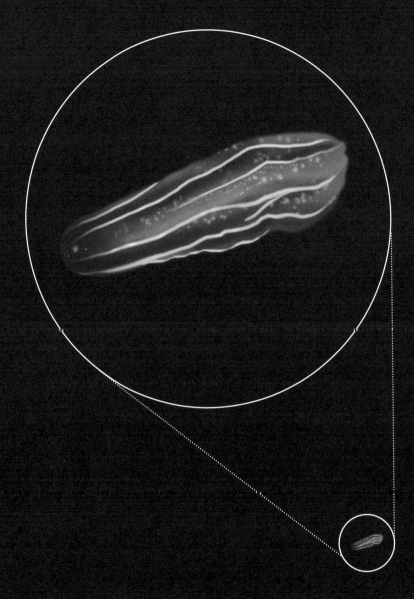

栉水母

　　别看它叫这个名字，但其实栉水母并不是一种水母。这种生物其实属于栉水母动物门。它们是古老的海洋居民，看上去和珊瑚还有些相似。栉水母真的太漂亮了：透明的身体上就像点缀着成百上千颗小灯泡，在漆黑的海底深渊闪闪发光，仿佛是一位在深海翩翩起舞的天使。不过请当心，可别被这副温婉优雅的外表给欺骗了。有些栉水母拥有一对长长的触手，专门来抓取和捕杀小型猎物供自己享用。不仅如此，如果两只栉水母在深海偶然相遇了，那么它们之间或许就会爆发一场激烈的冲突，而冲突的结果往往都是凶狠的同种相残：失败者沦为胜利者的"口中大餐"。

小狐王：

你已经到达了地球上珠穆朗玛峰

那么高的海拔（8848米）。

8900

9000

9100

9200

海洋生物多样性的破坏

作为人类，我们是陆生动物。这也是为什么我们走起路来举步生风，到了水里却寸步难行（当然，那些少数的游泳高手除外）。

尽管从生理学的角度来说，命运将人类束缚在了地面，但我们并没有轻言放弃，最终还是实现了遨游大海、潜行深渊的梦想。毕竟，面对大自然里那些人类难以企及的地方，我们也能依靠科学技术在其中自由探索。

可惜的是，在 20 世纪，人类所做的还是有些过分了。"超现代"科学技术成了我们的"帮凶"，逐渐污染了大气、海洋和陆地。在人类的"不懈努力"下，不仅整个地球被塑料裹得严严实实，而且越来越多的动物不得不背井离乡，越来越多的植物被连根拔起。更糟糕的是，人类并没有停下自己过度狩猎和过度捕捞的步伐。所有这些人类活动都带来了许多严重的后果，甚至造成了数以百计的物种永远离开了这个被污染的世界。换句话说，我们已经破坏了地球的生物多样性。

这是个非常危险的问题，因为人类的生命就完全建立在与其他生物的相互关系之上。倘若我们消灭了其他物种，那么实际上我们也亲手终结了自己在地球上的未来。

如果陆地上的情形如此，那么对海洋来说就更没有例外了。还记得吗？我们赖以生存的氧气，有 50% 都来自广阔的大海。

从积极的一面来看：既然我们就是问题所在，那我们肯定会有解决的办法。该怎么做呢？办法有很多，在这里我先推荐两个。第一个办法出现在我们身边的海鲜市场上。要知道，由于工业化捕捞，那些常见的鲈鱼、鲽或金枪鱼的种群数量已经岌岌可危。所以当你哪天想吃鱼的时候，不妨在市场上挑选一些不常见的品种，例如细鳞棒鲈、狐鲣或竹笑鱼。它们的味道其实一样很鲜美。

至于第二个建议，你甚至可以在自家的阳台付诸实践。我们其实应该在常见的观赏植物边上，再种植一些花蜜含量高的植物，甚至用它们彻底取代那些传统植物。这样，你的这片"自然角"就会吸引来一群六只脚的小家伙，包括蜜蜂、蝴蝶和七星瓢虫，它们都是人类的好伙伴。正如我之前说的，所有生物都是相互关联的，于是，在这群小家伙们悦耳的嗡嗡声中，我们才能还地球一片如茵的绿草地、一片浩瀚的蔚蓝大海。

9600

9700

9800

9900

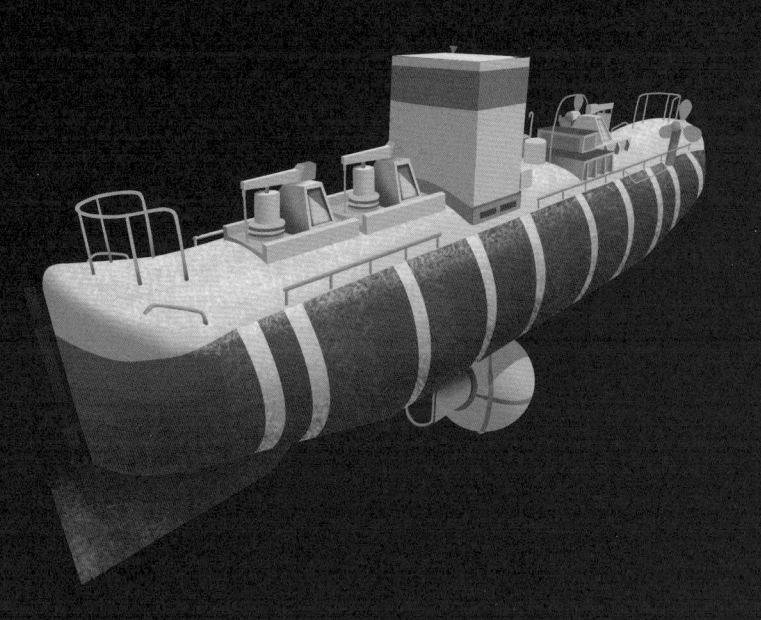

"的里雅斯特"号潜水器

在很长的一段时间里，瑞士科学家奥古斯特·皮卡德都把自己的注意力放在对天空和高空气球的研究上。然而，他长年积累下来的研究数据并不主要是让人类越飞越高，恰恰相反，正是因为有了他的研究成果，人类才能够在海中越潜越深，最终成功地深潜到马里亚纳海沟。事实上，"的里雅斯特"号潜水器就是由他设计完成的。在 1960 年 1 月 23 日，他的儿子雅克·皮卡德和美国海洋学家唐·沃尔什乘坐"的里雅斯特"号潜水器，第一次到达了地球海洋的最深处——马里亚纳海沟的底部，在那儿待了大约 20 分钟。透过潜水器的舷窗，人类终于有机会亲眼看到海底深渊的全貌。那么，他们究竟看到了什么呢？其实，呈现在他们眼前的就好似一片海底荒漠，只有零星几只鲽科和鳎科动物在泥泞的海床上缓慢地游动。听上去是不是感觉很失望？尽管如此，他们依然是海底生命的第一批见证者。原来，哪怕是环境如此恶劣的海底深渊，也无法阻止生命绽放出绚丽的花。

10400

10500

10600

小贴士：
与雷亚纳海沟的深度相比为
"也就是一百米"，
海拔可以达到珠海岸的13倍。

动物名称附录

鲑
0~200 米

沙丁鱼
0~200 米

海马
0~200 米

刺鲀
0~200 米

北极熊
0~200 米

海豹
0~200 米

黄尾副刺尾鱼
0~200 米

珊瑚虫
0~200 米

叶海龙
0~200 米

海鳝
0~200 米

海蟹
0~200 米

海牛
0~200 米

蓝色大海的奥秘

大西洋鳕
0～200 米

主刺盖鱼
0～200 米

海天牛
0～200 米

条纹狼鲈
0～200 米

海 星
0～200 米

鲽
0～200 米

角 鲨
0～200 米

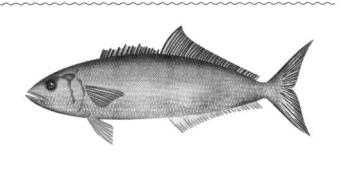

白 鲸
0～200 米

僧海豹
0～200 米

扁 鲹
0～200 米

大 舒
0～200 米

虎 鲸
0～200 米

丝尾红钻鱼
0～200 米

紫色翼魟
0～200 米

海　葵

0~200 米

小丑鱼

0~200 米

波纹短须石首鱼

0~200 米

鲭

0~200 米

象海豹

0~200 米

双髻鲨

0~200 米

牙　鲷

0~200 米

鲯　鳅

0~200 米

蠵　龟

0~200 米

海　狮

0~200 米

网纹猫鲨

200~1000 米

丽　龟

200~1000 米

灯塔水母

200 ~ 1000 米

帝企鹅

200 ~ 1000 米

蓝色大海的奥秘

鳗狼鱼

200～1000 米

噬人鲨

200～1000 米

人 类

200～1000 米

星 鲨

200～1000 米

裸海蝶

200～1000 米

大眼金枪鱼

200～1000 米

海 豚

200～1000 米

翻车鲀

200～1000 米

剑 鱼

200～1000 米

矛尾鱼

200～1000 米

北太平洋巨型章鱼

200～1000 米

鮟 鱇

200～1000 米

蓝 鲸

200～1000 米

皇带鱼

200～1000 米

幽灵蛸

200~1000 米

贝氏喙鲸

200~1000 米

巨口鲨

200~1000 米

角鮟鱇

1000~4000 米

独角鲸

1000~4000 米

大王鱿

1000~4000 米

红胸棘鲷

1000~4000 米

欧氏尖吻鲨

1000~4000 米

银 鲛

1000~4000 米

蝠 鲼

1000~4000 米

管水母

1000~4000 米

水母蛸

1000~4000 米

抹香鲸

1000~4000 米

黑叉齿鱼

1000~4000 米

带水母
6000~10920米

栉水母
6000~10920米

喇叭鱼
6000~10920米

深海钓虾
6000~10920米

碟式钩水母
4000~6000米

深海新喀鲷
4000~6000米

尖齿伟须鳁
4000~6000米

幽灵蛸
4000~6000米

巨骨鳍虫
4000~6000米

蟾鱼
1000~4000米

深邃大海的奥秘

Gianumberto Accinelli

Original Italien title: Giù nel blu-Dalla superficie agli abissi: viaggio sottomarino sfogliabile

Copyright© 2021 Nomos Edizioni, Busto Arsizio, ITALY

All rights reserved in all countries by Nomos Edizioni

Simplified Chinese language rights arranged through CA-LINK International LLC(www.ca-link.com)

图字：09-2022-0782 号

图书在版编目（CIP）数据

蓝色大海的奥秘 /（意）贾纽博托·阿基尼里著；
林赵璘译 . —上海：上海译文出版社，2022.10
ISBN 978-7-5327-9097-5

Ⅰ . ①蓝… Ⅱ . ①贾… ②林… Ⅲ . ①海洋 – 儿童读
物 Ⅳ . ① P7-49

中国版本图书馆 CIP 数据核字（2022）第 170727 号

蓝色大海的奥秘
Giù nel blu-Dalla superficie agli abissi: viaggio sottomarino sfogliabile
[意] 贾纽博托·阿基尼里 Gianumberto Accinelli 著
[意] 茱莉亚·萨法罗尼 Giulia Zaffaroni 绘
林赵璘 译　 罗腾达（闪光鱲）审
策划编辑 赵平
责任编辑 朱昕蔚　 闫雪洁
装帧设计 柴昊洲

上海译文出版社有限公司出版、发行
网址：www.yiwen.com.cn
201101 上海市闵行区号景路 159 弄 B 座
上海雅昌艺术印刷有限公司印刷

开本 889×1194 1/16 印张 5 插页 4 字数 20,000
2022 年 12 月第 1 版　 2022 年 12 月第 1 次印刷
印数：0,001-8,000 册

ISBN 978-7-5327-9097-5/P·003
定价：88.00 元